这本手册属于

中国国家地理
CHINESE NATIONAL GEOGRAPHY

嘿，伙伴们！你们好！

你是否曾经抬头望向天空，好奇那些飞过的鸟儿叫什么名字？或者在公园里听到鸟儿的歌唱，想知道它们在说些什么？观鸟，这个听起来可能有点老派的爱好，其实超酷的！它不仅能带你走进一个充满惊奇的自然世界，还能让你学到很多超有意思的知识。今天，我想和你们聊聊观鸟到底有多酷，以及怎么开始这个冒险！

观鸟，为什么这么酷？

超级侦探游戏：观鸟就像是一场大型的侦探游戏，你需要用你的观察力去发现鸟儿，用你的听力去分辨它们的叫声。每一次发现都是一次胜利！

自然中的宝藏猎人：每次出门观鸟，都像是去寻宝，你永远不知道下一秒会遇见什么稀有的鸟类。这种对未知的探索让人超级兴奋！

成为“野生”科学家：通过观鸟，你可以学到很多关于鸟类和自然的知识。你会知道哪些鸟是迁徙的，它们为什么会迁徙，甚至它们是怎么找到回家的路的。这些知识，学校里可不一定会教哦！

超级健康的生活方式：观鸟需要在户外走动，这意味着你会得到更多锻炼的机会。而且，呼吸新鲜空气，感受阳光，对身心健康都超级有好处！

结交新朋友：加入观鸟的行列，你可以遇到很多和你一样对自然充满好奇的朋友。你们可以一起分享观鸟的乐趣，甚至一起组织观鸟旅行，这可是结交新朋友的绝佳机会！

怎么开始观鸟呢？

装备简单：你不需要什么高级装备，一部双筒望远镜，一本鸟类指南，还有一颗好奇的心，就足够了！

学习基本的知识：了解一下鸟类的基本特征，比如它们的颜色、大小、习性等，这样在户外的时候，你就能更快地认出它们。

加入观鸟社群：找找当地的观鸟俱乐部或者团体，加入他们，你会得到很多帮助和支持。

使用观鸟APP：现在有很多APP可以帮助你识别鸟类，记录你的观察，甚至可以和其他观鸟者交流。

耐心和实践：观鸟需要耐心，不要担心一开始什么都找不到。只要坚持下去，慢慢地，你就会发现越来越多的鸟类。

我们非常期待你能加入我们，一起探索这个充满乐趣和知识的观鸟世界。不管你是观鸟新手还是已经有一定经验的伙伴，我们都热烈欢迎！

期待在观鸟的路上遇见你！

加油，伙伴们！

认识鸟类

鸟类的身体结构图

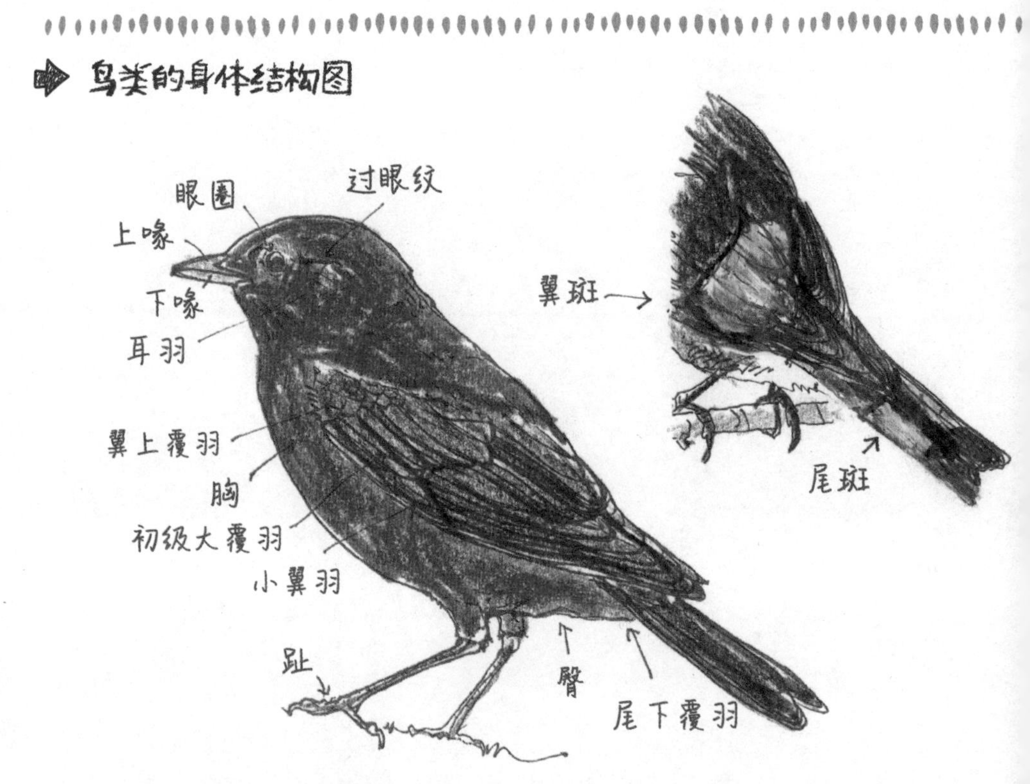

不同鸟类的飞行姿态

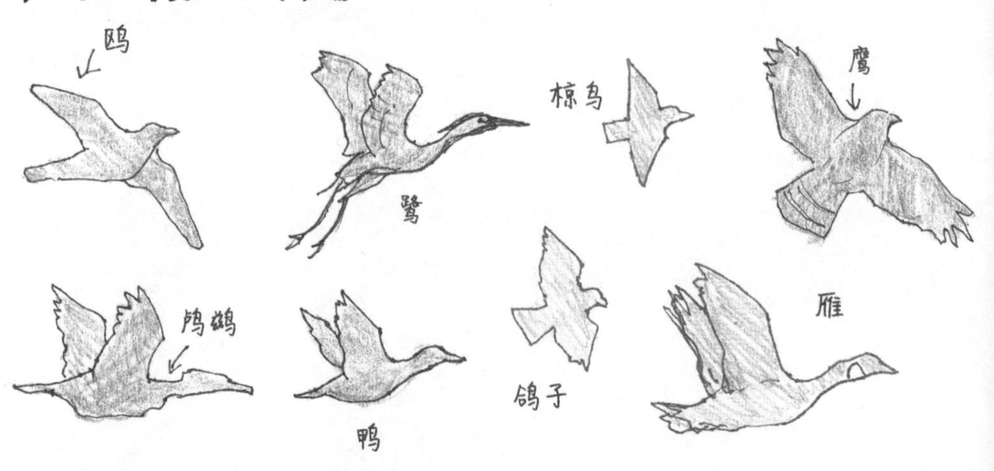

鸟类的头部示意图

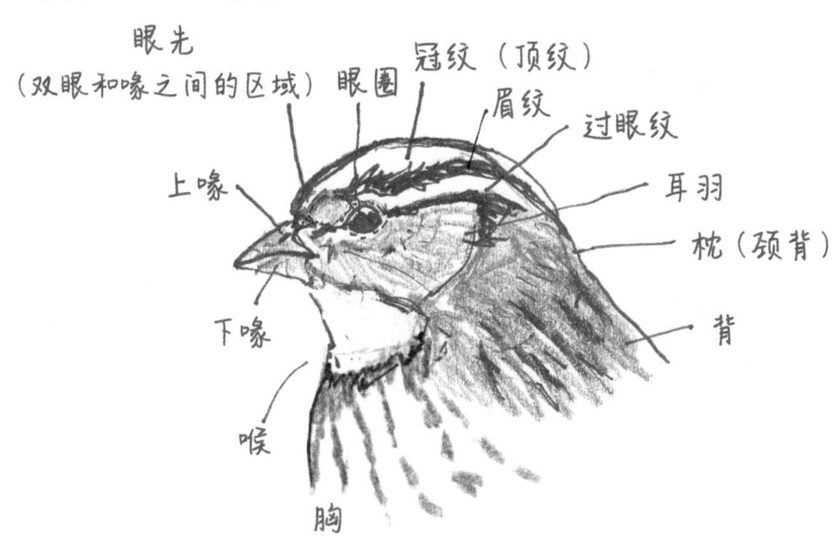

鸟类翅膀的结构图

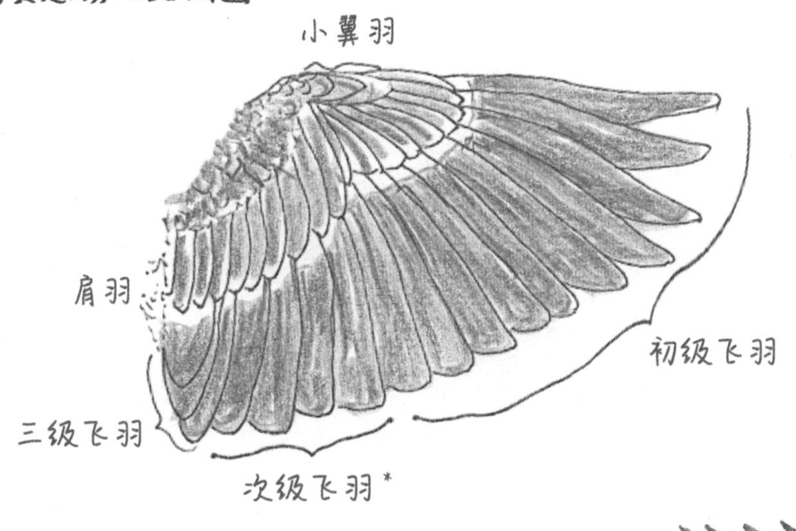

*根据鸟的种类不同，初级飞羽和次级飞羽的数量有所不同。
初级飞羽通常为 9 ~ 12 枚，次级飞羽通常为 10 ~ 20 枚。

不认识鸟记录

日期/时间：10月21日　　地点：停车场边的大树　　天气：晴

观察详情：

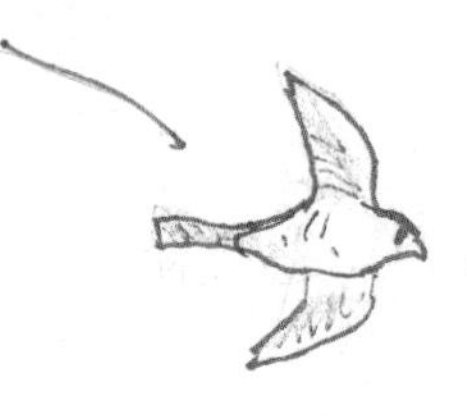

照片/速写：

日期/时间：　　地点：　　天气：

观察详情：

照片/速写：

日期/时间：　　　　地点：　　　　天气：

观察详情：

照片/速写：

日期/时间：　　　　地点：　　　　天气：

观察详情：

照片/速写：

日期/时间：　　　　地点：　　　　天气：

观察详情：

照片/速写：

日期/时间：　　　　地点：　　　　天气：

观察详情：

照片/速写：

日期/时间：　　地点：　　天气：

观察详情：

照片/速写：

日期/时间：　　　　地点：　　　　天气：

观察详情：

照片/速写：

日期/时间：　　　　地点：　　　　天气：

观察详情：

照片/速写：

日期/时间：　　　　地点：　　　　天气：

观察详情：

照片/速写：

日期/时间：　　　　地点：　　　　天气：

观察详情：

照片/速写：

日期/时间：　　　　地点：　　　　天气：

观察详情：

照片/速写：

日期/时间：　　　　地点：　　　　天气：

观察详情：

照片/速写：

日期/时间：　　地点：　　天气：

观察详情：

照片/速写：

日期/时间：　　　　地点：　　　　天气：

观察详情：

照片/速写：

日期/时间：　　　　地点：　　　　天气：

观察详情：

照片/速写：

日期/时间：　　　　地点：　　　　天气：

观察详情：

照片/速写：

日期/时间：　　　　　　地点：　　　　　　天气：

观察详情：

照片/速写：

日期/时间：　　　　地点：　　　　天气：

观察详情：

照片/速写：

日期/时间：　　　　地点：　　　　天气：

观察详情：

照片/速写：

野外观察记录

日期：________ 地点：________

开始时间：________ 结束时间：________

☐ 静止 ☐ 行进（距离：________）

物种：	数量：
观察记录：	
物种：	数量：
观察记录：	

日期：＿＿＿＿＿＿＿＿ 地点：＿＿＿＿＿＿＿＿

开始时间：＿＿＿＿＿＿＿＿ 结束时间：＿＿＿＿＿＿＿＿

□ 静止 □ 行进（距离：＿＿＿＿＿＿＿＿）

物种：	数量：
观察记录：	
物种：	数量：
观察记录：	

日期：________________ 地点：________________

开始时间：________________ 结束时间：________________

☐ 静止 ☐ 行进（距离：________________）

物种：	数量：
观察记录：	
物种：	数量：
观察记录：	

日期：________ 地点：________

开始时间：________ 结束时间：________

□ 静止 □ 行进（距离：________）

物种：	数量：
观察记录：	
物种：	数量：
观察记录：	

日期：________ 地点：________

开始时间：________ 结束时间：________

☐ 静止 ☐ 行进（距离：________）

物种：	数量：
观察记录：	
物种：	数量：
观察记录：	

日期：______ 地点：______

开始时间：______ 结束时间：______

☐ 静止 ☐ 行进（距离：______）

物种：	数量：
观察记录：	
物种：	数量：
观察记录：	

日期：________ 地点：________

开始时间：________ 结束时间：________

□ 静止 □ 行进（距离：________）

物种：	数量：
观察记录：	
物种：	数量：
观察记录：	

日期：________ 地点：________

开始时间：________ 结束时间：________

☐ 静止 ☐ 行进（距离：________）

物种：	数量：
观察记录：	
物种：	数量：
观察记录：	

日期：＿＿＿＿＿＿ 地点：＿＿＿＿＿＿

开始时间：＿＿＿＿＿＿ 结束时间：＿＿＿＿＿＿

□ 静止 □ 行进（距离：＿＿＿＿＿＿）

物种：	数量：
观察记录：	

物种：	数量：
观察记录：	

日期：________ 地点：________

开始时间：________ 结束时间：________

☐ 静止 ☐ 行进（距离：________）

物种：	数量：
观察记录：	
物种：	数量：
观察记录：	

日期：________ 地点：________

开始时间：________ 结束时间：________

☐ 静止 ☐ 行进（距离：________）

物种：	数量：
观察记录：	

物种：	数量：
观察记录：	

日期：__________ 地点：__________

开始时间：__________ 结束时间：__________

□ 静止 □ 行进（距离：__________）

物种：	数量：
观察记录：	
物种：	数量：
观察记录：	

日期：__________ 地点：__________

开始时间：__________ 结束时间：__________

☐ 静止　☐ 行进（距离：__________）

物种：	数量：
观察记录：	
物种：	数量：
观察记录：	

日期：________ 地点：________

开始时间：________ 结束时间：________

□ 静止 □ 行进（距离：________）

物种：	数量：
观察记录：	

物种：	数量：
观察记录：	

日期：________ 地点：________

开始时间：________ 结束时间：________

☐ 静止 ☐ 行进（距离：________）

物种：	数量：
观察记录：	
物种：	数量：
观察记录：	

日期：________________ 地点：________________

开始时间：________________ 结束时间：________________

□ 静止 □ 行进（距离：________________）

物种：	数量：
观察记录：	
物种：	数量：
观察记录：	

日期：＿＿＿＿ 地点：＿＿＿＿

开始时间：＿＿＿＿ 结束时间：＿＿＿＿

□ 静止 □ 行进（距离：＿＿＿＿）

物种：	数量：
观察记录：	

物种：	数量：
观察记录：	

日期：________ 地点：________

开始时间：________ 结束时间：________

☐ 静止 ☐ 行进（距离：________）

物种：	数量：
观察记录：	
物种：	数量：
观察记录：	

日期：________ 地点：________

开始时间：________ 结束时间：________

☐ 静止 ☐ 行进（距离：________）

物种：	数量：
观察记录：	

物种：	数量：
观察记录：	

日期：________ 地点：________

开始时间：________ 结束时间：________

☐ 静止 ☐ 行进（距离：________）

物种：	数量：
观察记录：	
物种：	数量：
观察记录：	

时间： 2023年10月21日 天气： 晴

物种： 天鹅、琵嘴鸭和？

位置： 深圳湾

观察信息：

琵嘴鸭：

1.喙很特别，非常容易辨识。

2.行动“谨慎小心”，一旦发现，立即停止活动。

3.不常鸣叫，会发出“gua”的声音

草图:

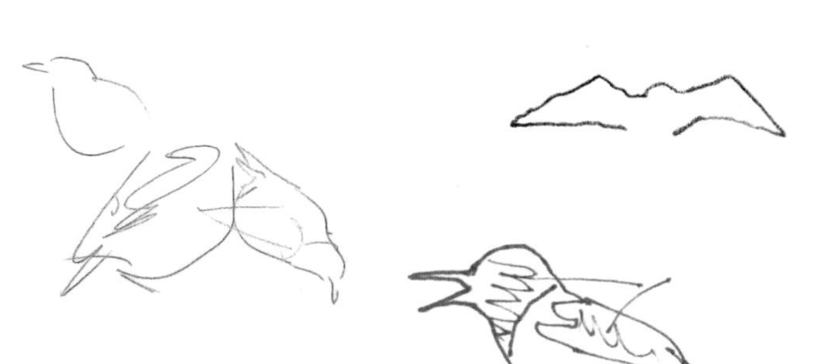

时间：

天气：

物种：

位置：

观察信息：

草图：

时间：

天气：

物种：

位置：

观察信息：

草图：

时间：

天气：

物种：

位置：

观察信息：

草图：

时间：

天气：

物种：

位置：

观察信息：

草图：

时间：

天气：

物种：

位置：

观察信息：

草图：

时间：

天气：

物种：

位置：

观察信息：

草图：

时间：　　　　天气：

物种：

位置：

观察信息：

草图：

时间：　　　　　　　　天气：

物种：

位置：

观察信息：

草图：

时间：

天气：

物种：

位置：

观察信息：

草图：

地点：广州市海珠湿地
时间：2023年12月25日
天气：晴，有雾
观察记录：
1. 乌鸫
2. 苍鹭
3. 白头鸭

“私藏”的鸟类花名册

许多观鸟者会准备一个“鸟类清单”记录他们见过的所有鸟类种类。你可以使用以下页面来开始你自己的清单。当你看到一种新的鸟类时，在你的清单上写下日期、物种名称和地点。这样做将帮助你记住第一次看到每个物种的时间和地点。

	时间	物种	地点
1	2023.10.29	戴胜	上海共青森林公园
2	2024.2.20	大拟啄木鸟	杭州西湖区杭州植物园

时间　　物种　　地点

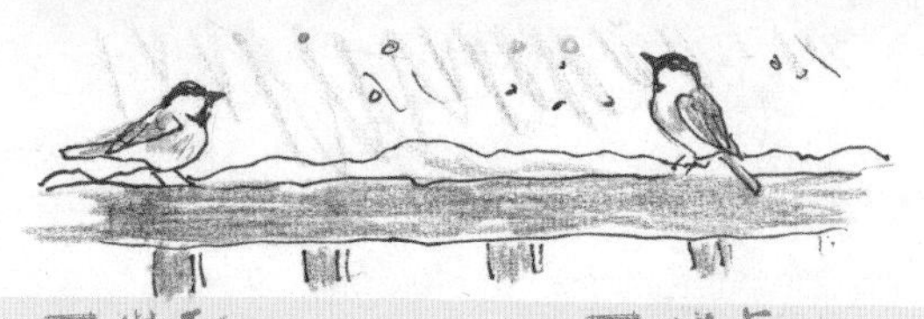

时间　物种　地点

■时间 ■物种 ■地点

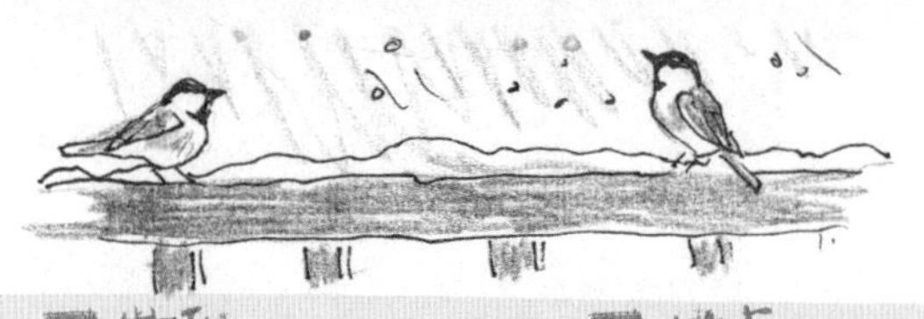

■时间 ■物种 ■地点

时间
物种
地点

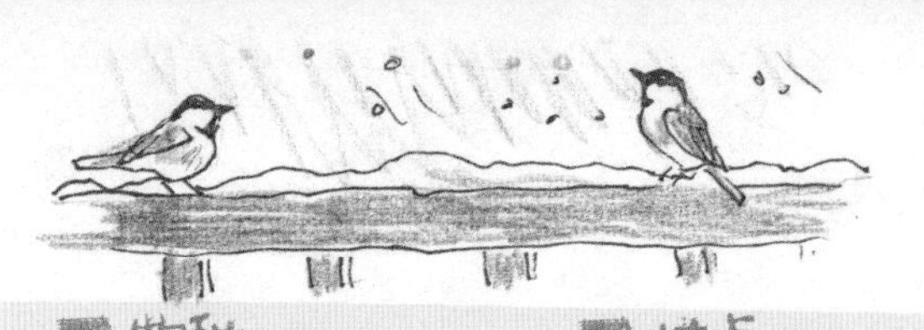

■时间 ■物种 ■地点

■时间　　■物种　　■地点

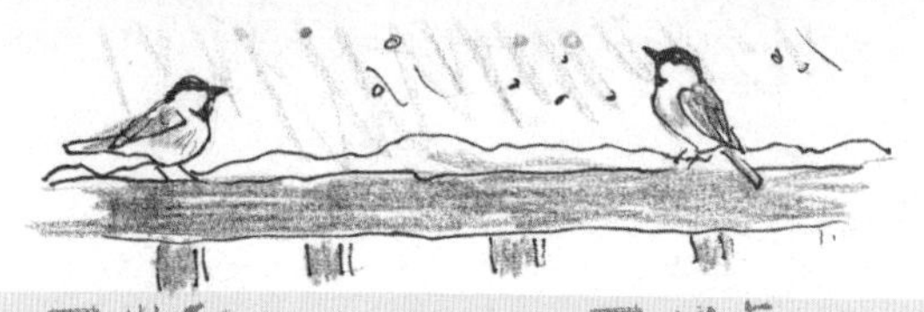

时间 物种 地点

■时间　　■物种　　■地点

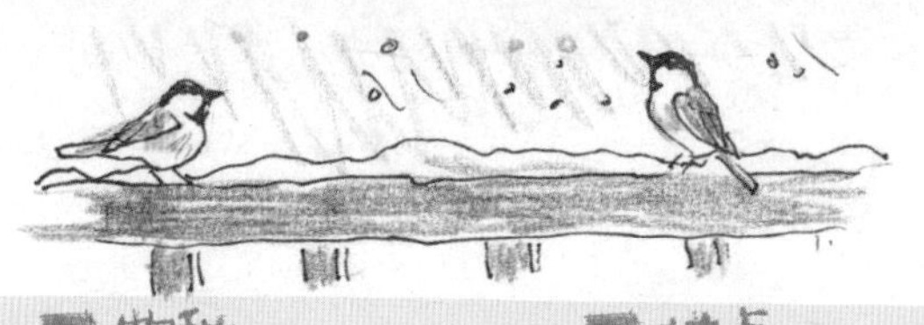

时间　　物种　　地点

■时间　　　　■物种　　　　■地点

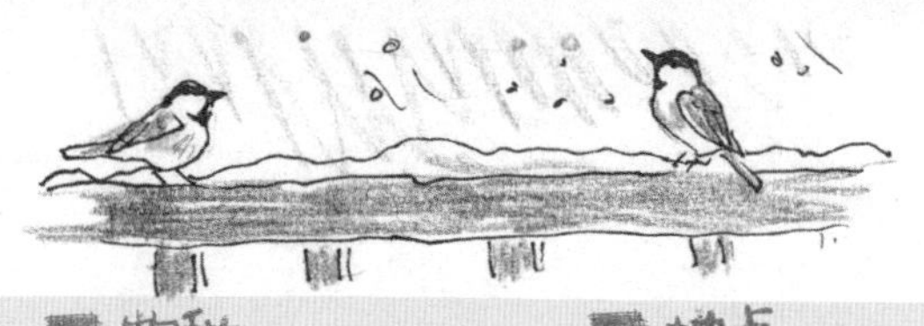

时间　物种　地点

时间　　物种　　地点

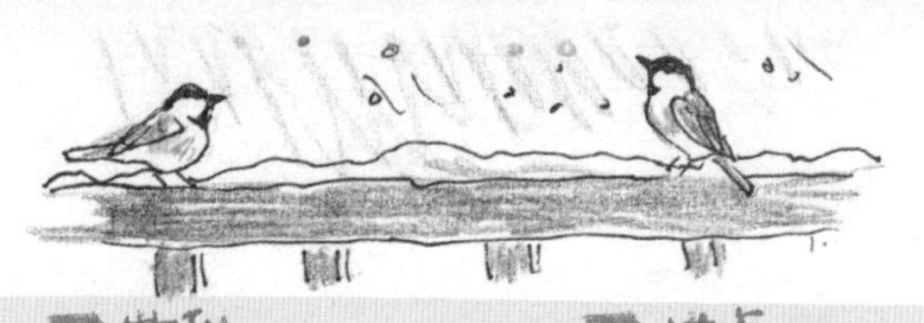

■时间 ■物种 ■地点

■时间　　　　■物种　　　　■地点

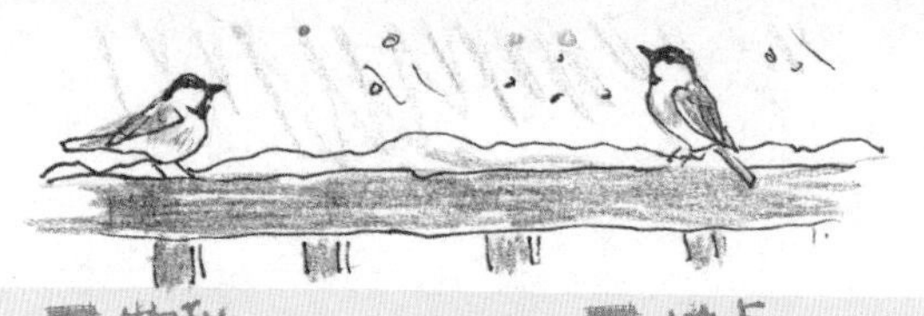

时间　　　　物种　　　　地点